TEARS OF DOKDO

독도의 눈물

Photography and Text by Ji-Hyun Kim, Ph.D

그들에게 독도는 영토(領土)에 관한 문제이고, 우리에게 독도는 조국(祖國)에 관한 문제이다.

70여 년 전 강치(바다사자:물개사촌) 대량살육이 벌어질 때,
그곳에 **대한제국**(大韓帝國)은 없었다.
그때 그곳 가제바위에 강치살과 뼈가 흐트러졌고 피는 흥건했으며,
괭이갈매기는 그 위를 날았다.

서도 북북서쪽 가제바위에 강치가 돌아오는 그날,
탕건바위 아래 가제굴 속으로 강치가 잠자러 오는 그날,
그날이 진정 독도가 조국(祖國) 땅이 되는 날이다.

독도 연안에 부딪히는 거센파도는 울부짖지 않고 소용돌이 친다. 그 소용돌이는 세상을 뒤집어 놓을듯 거칠고 규칙적이다.

독도에 대하여
짖어야 할때가 됐는데도,
짖지 못하는 현실이 안타깝다.
개만 짖는 것이 아니다.

독도 물위는 정지태(停止態)이고, 물아래는 운동태(運動態)이다.
그 바다는 시간과 공간속에 떠있는 우주의 일부분이다.

숫돌바위 앞 야간 풍경

독도바다 물밑 아래쪽에는 눈으로 보이는 550여종(種) 해양생물이 있다. 자그만한 바위섬(동도, 서도) 주변에서 저마다 삶을 살아간다. 시끌벅적하고 숨가쁘다.

독도바다 물속은
침묵속 아름다움이고, 고요속 **눈부심**이다.
그 아름다움은 바다속 깊은 안쪽에
숨어있는 가능성으로 아름다움이다.
독도 바다속을 알리기 위해 나는 짖는다.

🔴 가제바위 독도 제1관문 주변 풍경 : **검정큰도롱이갯민숭이** / *Protaeolidiella atra* 가 **큰산호붙이히드라** / *Solanderia misakinensis* 가지에 알을 낳고 있다.

개는 컹컹 짖고,
나는 찰칵찰칵(카메라 셔터 소리) 짖는다.
개 짖는 소리는 공중으로 흩어지고,
내가 짖는 소리는 책이 된다.
'독도의 눈물'은 세번째로 내가 짖는 소리다.
'독도 지키기'는 말로 하는게 아니다.

커튼 원양 해파리 / *Dactylometra quinquecirrha*

개의 짖음이 세상을 어떻게 하지는 못한다.
그래도 짖고 또 짖을 것이다.
하나의 짖음이 시음(始音) 되어 모든 개가 따라 짖을 때까지...

톰손바보산호 / *Bebryce thomsoni*

스스로 **존재성**을 드러내는 바위는 수평의 바다 위에 그 스스로 **돌부처**다.

미륵불상바위(동도:야간촬영)

촛대바위와 파도

동도와 서도 사이 얕은 수심 물길은 물 속에서 깨어지면서 물대가리가 솟아 오른다. 솟아오른 물대가리는 낙하하며 합쳐지고, 합쳐져 우왕좌왕하는 물대가리는 다시 깨어지면서 흩어진다. 억센 바람은 수면위에 평행선의 물보라를 일으키며 나아간다.

짖지 못하는 개는 더이상 개가 아니다.
독도에 관심이 없는 사람,
그는 더이상 **대한인**(大韓人)이 아니다.

경주 석굴암 돌부처는
상징의 완성으로 세상에 나와,
스스로 잠재태의 완성이 드러나고 있다.

독도 **숫돌바위**는
그 자체가 상징의 완성이다.
단단함이다.

동도 숫돌바위(야간촬영)

서도의 우뚝함은 그 밑부분을
받치고 있는 바위의 거칠음과 포개짐,
뒤엉킴과 뒤틀린 기반 위에서
하늘로 치솟는다.
남성성(男性性)이다.

서도 전체에 비친 그림자(야간촬영)

독도 바다속 생물은 드러나기를 기다리고 있다.
이책은 독도바다 해양생물의 **기다림**에 대한 **응답**이다.

동도 해식굴 낙수물 아래에서 바라본 서도 정상

눈으로 들어온 시각 영상은
뇌의 특정 부분에 파장을 일으키고,
그 파장이 **임계한계**를 넘을 때
눈물샘은 열리고 눈물이 흐른다.
눈물은 타율적 신경지배를 받으므로 통제가 안된다.

눈물은, 눈물을 흘리는 이의 슬픔이 아니다.
눈물은, 눈물을 흘리는 이를 바라보는 사람을 슬프게 한다.

들어가는 사진과 글

독도는 바위산이다.
바위가 눈물을 흘릴 수는 없다.
우는 것은 사람이다.
선착장에 발을 딛은 대한인(大韓人)이 울고 있다.

동해에서 독도는 늘 먼저 떠올랐고 늘 먼저 저물었다.
기회가 있을 때마다 독도 바다에 들어갔고,
억지로라도 기회를 만들어 들어갔다.
섬 전체가 천연기념물이라 한 번 잠수하기가 쉽지 않았다.
독도는 나에게 넘어야 할 산이고 들어가야 할 바다다.

이 책을 대한봉(大韓烽)에 바친다.

3시간 배멀미에도 얼굴 가득 함박웃음이지만,
가슴 속은 눈물로 가득하다.
독도를 향한 이 마음이 대한민국의 힘이다.

獨 · 生 · 貴 ❶

독생귀 : 독도에 있는 모든 생물이 귀하다.

애국가 1절에 나오는 '무궁화 삼천리 화려강산' 의
그 '화려강산' 이 독도 바다 속이다.

도루묵 난괴(알덩어리) / *Eggs of Arctoscopus japonicus*

獨·生·貴 ❷

독생귀 : 독도에 있는 모든 생물이 귀하다.

대부분 문어는 사람을 보면 피한다.
그런데 어찌된 일인지 이 문어는 지나가는 나한테
굵고 긴 다리 하나를 뻗쳐서 왼쪽 손의
카메라 하우징 렌즈포트 유리 부분에 빨판을 붙이고,
다른 다리들도 차례로 붙이더니 구멍쪽으로 끌어당기기 시작했다.
양손에 카메라를 들어서 잠시 당황했다.

문어 / *Octopus dofleini*

獨·生·貴 ❸
독생귀 : 독도에 있는 모든 생물이 귀하다.

물속은 평화로움과 치열함이 함께 있다. 평화로움은 안식과 죽음이고, 치열함은 활동과 탄생이다. 바다는 양면성의 완성이다.

별불가사리 / *Asterina pectinifera* & **살파류** / Salpa sp.
별불가사리가 살파류를 먹고 있다.

獨·生·貴 ❹
독생귀 : 독도에 있는 모든 생물이 귀하다.

갯민숭이류는 암수가 한몸인 자웅동체 Hermaphrodite이다. 그러나 건강한 후손을 위하여 교미를 한다. 몸통의 우측 목 부위에 위치한 생식공이 암수 성기의 역활을 한다. 짝짓기 자세는 머리와 꼬리가 엇갈린 방향이다.

검정큰도롱이갯민숭이 / *Protaeolidiella atra* 산란

獨·生·貴 ❺
독생귀 : 독도에 있는 모든 생물이 귀하다.

독도 바다 속에 들어가 보면 안다.
얼마나 많은 생물이 살아 가기 위하여 애쓰고 있는지를...
먹느냐 먹히느냐가 순간이다. 지옥이 따로 없다.

바위게 / *Pachygrapsus crassipes*

말똥성게 / *Hemicentrotus pulcherrimus*

獨·生·貴 ❻
독생귀 : 독도에 있는 모든 생물이 귀하다

'만물은 만물에 대한 투쟁'이
이루어지는 곳이 바로 바닷속이다

獨·生·貴 ❼

독생귀 : 독도에 있는 모든 생물이 귀하다.

선착장 얕은물(수심5cm)에 떠밀려온 살오징어 새끼들.
전체 몸길이 5cm 정도의 새끼 수십마리가 헤엄치고 있었고,
일부는 모래 주변과 자갈밭에 떠밀려 올라와 있었다.

살오징어 / *Todarodes pacificus*

獨·生·貴 ❽ 독생귀 : 독도에 있는 모든 생물이 귀하다.

독도 바다속은 생물학적 사실에 의한 구체적인 대상만이 살아 숨쉬는
생로병사의 현장이다. 그곳 역시 먹고 먹히는 현실이 지배하는 곳이다.

○ 대황 엽체 / *Eisenia bicyclis* 를 먹고 있는 **구멍밤고둥** / *Chlorostoma turbinata*
○ 대황(*E.bicycls*)과 **감태**(*E.cava*)는 형태가 비슷하다. 차이점은 대황은 줄기에서 엽상부로 나누어지는 지점에서 두갈래로 나뉜다. 대황엽체에 부착한 **도루묵**(*A.japonicus*)의 난괴.

獨·生·貴 ❾
독생귀 : 독도에 있는 모든 생물이 귀하다.

물고기의 일용할 양식에는 대체물이 없다. 매일 무언가를 먹어야 산다. 먹지 못할때 신진대사는 멈추고 고요가 찾아온다. 죽음이다. 물고기와 사람이 일용할 양식을 얻기 위해 애쓰는 모습은 똑같이 치열하다. 그 치열함은 아름다움이고 처연함이다.

용치놀래기 / *Halichoeres poecilopterus*

獨·生·貴 ❿

독생귀 : 독도에 있는 모든 생물이 귀하다.

다이버가 물속에 들어가서 물고기를 생선(生鮮, fish)으로 보느냐, 물고기를 어종(魚種, fish species)으로 보느냐에 따라서 어부냐 학자냐의 길이 나뉜다. 나는 독도 물고기가 생선이 아니라 어종으로 보여지기를 희망한다.

어렝놀래기(수컷) / *Pteragogus flagellifer*

獨·生·貴 ⑪

독생귀 : 독도에 있는 모든 생물이 귀하다.

물속에 들어온 사람 눈을 보면 안다. 그들의 눈빛은 살벌하다. 육지에서 매일매일 일용할 양식을 구하러 다닐 때나, 일용할 양식이 충분한데도 그저 탐욕스러운 식욕을 어쩌지 못해 눈에 핏발이 섰다. 그 핏발선 눈빛에 살기가 있다. 어금니로 먹이를 씹어 삼키고자 하는 포유류의 DNA가 그대로 드러나는 곳이 바다에 들어온 사람 눈빛이다.

능성어 / *Epinephelus septemfasciatus*

獨·生·貴 ⑫
독생귀 : 독도에 있는 모든 생물이 귀하다

여러개의 중심가지를 가지고 있는 이 해조류는 많은 구상(球狀)의 기포를 가지고 있다. 이 기포 안에 공기가 들어 있어서 줄기를 곧게 세운다. 기포는 잎의 끝이 변하여 된것이다.

모자반류 / *Sargassum* sp.

해안가에 떠밀려 온 큰살파 / *Thetys vagina*

獨·生·貴 ⑬

독생귀 : 독도에 있는 모든 생물이 귀하다.

입·출수공으로 물을 유통시켜 유영하는 살파류는 움직임이 둔하다. 해안가에 떠밀려온 살파류는 스스로 힘으로 바다 쪽으로 돌아갈 수 없다. 떠밀려 해안가에 올라 앉은 살파류는 썰물이 되어 바닷물이 빠지면, 그대로 조간대에 노출된다. 맨살이 태양 빛 아래 그대로다. 삶이 끝나는 시간이다.

獨·生·貴 ⑭

독생귀 : 독도에 있는 모든 생물이 귀하다.

독도바다는 물고기 종(種)수가 140여종이고,
해조류 종(種)수가 300여종이다.
독도바다에 물고기보다 해조류의 종 수가
많은 것을 이제야 알았다.

감태 / *Ecklonia cava*

獨·生·貴 ⑮

독생귀 : 독도에 있는 모든 생물이 귀하다.

물고기는 일용할 양식 찾아 쉼없이 헤매지만,
해조류는 한 곳에 정착하여
일용할 양식과 성장, 번식까지 한다.
해조류가 진화적으로는 하등 할지 몰라도
삶의 방식은 한 수 위다.

개미역쇠 / *Petalonia fascia*

獨·生·貴 ⓰

독생귀 : 독도에 있는 모든 생물이 귀하다.

바위표면에서 살아가는 이끼벌레류이다. 작은 숲 모양이다. 이것이 벌레라는 것이 의아하다.

세방이끼벌레류 / *Tricellaria* sp.

獨·生·貴 ⑰
독생귀 : 독도에 있는 모든 생물이 귀하다.

평평한 바위면에 붙어있는 이 작은 (1cm) 군부류는 육질부 표면 대부분이 마름모꼴 골편들로 덮였다.

꼬마군부 / *Rhyssoplax kurodai*

獨·生·貴 ⑱ 독생귀 : 독도에 있는 모든 생물이 귀하다.

팽이고둥 / *Omphalius pfeifferi carpenteri*

대황이나 감태의 굵은 본 줄기에 올라가서 부착 갈조류를 갈아 먹고있는 고둥.

커튼 원양 해파리 / *Dactylometra quinquecirrha*

獨·生·貴 ⑲ 독생귀 : 독도에 있는 모든 생물이 귀하다.

조류와 파도에 밀려 선착장 옆으로 올라 앉은 해파리는 30분 이내에 들물을 만나면 살 수 있고, 썰물을 만나면 죽는다. 삶과 죽음이 경각(頃刻)이다.

獨·生·貴 ⑳

독생귀 : 독도에 있는 모든 생물이 귀하다.

'김밥' 쌀 때 사용하는 '김'의 원래 모습이다.
이 원초(原草)를 뜯어서 분쇄한 후
물에 풀어 모양을 떠 말린 것이 김이다.
한겨울 독도 연안 바위에 붙은 이 원초는
무공해 천연의 돌김 원료이다.

방사무늬김 / *Porphyra yezoensis*

獨·生·貴 ㉑

독생귀 : 독도에 있는 모든 생물이 귀하다.

물속에서 태어나 평생 물속에서 지내다가
물속으로 사라지는 해양생물은 감각이 곧 삶이다.
말이 필요없고 느낌으로 상황을 판단한다.

보라굴아재비 / *Chama limbula* (호흡과 먹이를 위해 패각을 열었다.)

나는 몇 장의 **사진**과 글을 써서
독도를 말하고자 한다.
허나 나의 애씀은,
독도에 부딪혀 부서지는 흰 **파도**이거나
한 줄기 **바람**이기 십상이다.

붙박이 섬 독도는
더 이상 동해의 초입에 있지 않다.
그 섬은 이제 우리 마음 속에 들어와 있다.
마음 속에서 그 섬은
더 견고하고 우람하다.

동도 바위에 비친 그림자(야간촬영)

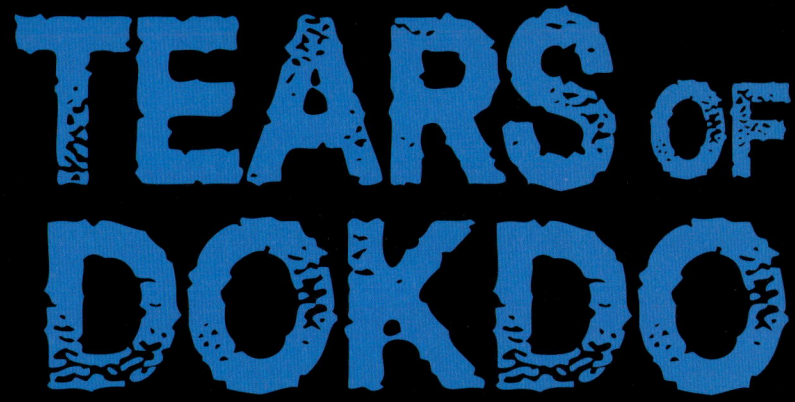

독도 생태 자연을 기록하며 3

1. 독도는 나에게 생각(사유)의 대상이 아니라 행동의 대상이다. 독도는 마음이 아니라 손과 발을 원한다.

2. 바위산 독도는 물 위로 솟아있고, 물 아래 바위에서는 해양생물이 살아간다. 수경 속으로 보이는 카메라 하우징 창을 통해서 물속 생물을 확인한다. 한컷 한컷이 모여서 독도 책 한권이 된다. 대한 없는 육체노동이다.

3. 이 책은 '아! 독도119(2014년 6월)'와 '아! 독도112(2015년 7월)'의 후속편이다.

4. 해양생물학자인 나에게 사명이 있다면, 사진으로 독도 바다 해양생물의 다양성과 아름다움을 드러내 보여주는 것이다.

2016.8 김 지 현

일러두기

1. 이 책은 오직 독도 해양생물생태사진집으로서 평가 되기를 바란다.

2. 이 책은 '아! 독도119'와 '아! 독도112'의 후속편이다. 앞의 두 책에 213종(種)이 소개됐고 이번에 105종이 소개됐다.

3. 사진상으로 종 수준까지 동정이 가능한 종만을 수록하였고 종 동정이 불가능한 종에 대해서는 속명과 함께 sp.로 기록하였다.

4. 다이빙 지역은 동도에서 4개(선착장 해식굴, 부채바위, 해녀바위, 전차바위), 서도에서 3개(가제굴, 가제바위, 혹돔굴) 지점을 정하여 작업하였다.

5. 육상 야간촬영 시 사용한 조명은 POLARION의 Abyss Dual D와 S모델의 라이트를 사용하였다.

CONTENTS
독도의 눈물

프롤로그
들어가는 사진과 글   21
독생귀 ❶ ~ ㉑   24~53

본문
일러두기   58

동도
· 선착장 해식굴   64
· 부채바위   84
· 해녀바위   102
· 전차바위   115

서도
· 가제굴   132
· 가제바위   151
· 혹돔굴   170

에필로그
나오는 글   200

동도 Dongdo
주요 다이빙 지역 : 선착장 해식굴, 부채바위, 해녀바위, 전차바위

독도 일출을 느껴라. 불덩이가 차오른다.
독도 일몰을 보아라. 불덩이가 들어온다.

독도의 일출(왼쪽 작은 섬이 독도)

독도 일출은 동해에서 생성되는 모든 빛에 앞서있다. 일출 빛은 서도 삼형제굴 내부를 밝힘으로 시작되고, 일몰 빛은 서도 대한봉 봉우리 끝에서 사그러진다. 동해 먼 동쪽 수평선에 나타나는 일출 빛은 처음에 검붉은 색을 띠며 이때 독도 동쪽 수면은 수평 반사광으로 눈부시다.

독도에서 움직임은 하나 하나 육체노동이다. 손과 발을 사용하는 근육 활동이다. 동도 333계단을 올라갈 때, 서로 물골을 넘어가는 가파른 계단에서 두 발과 두 손의 힘으로 해결해야 한다. 물속으로 들어가는 잠수 활동은 입수부터 출수까지 모든 움직임이 다이버 자신의 몫이다. 남이 대신해줄 수 있는 행동이 아니다.

선착장 오른쪽이 부채바위이고, 부채바위 뒤쪽 길다란 해역이 해식굴과 연결됐다.

선착장 해식굴 Sea cave near pier

동도 선착장 오름계단이 시작되는 부근 오른쪽에 있는 해식굴로서, 굵은 자갈밭으로 시작되는 입구에서 해녀바위까지 70m 정도의 고랑형 수중 협곡이다. 수심 0~10m에 폭 3~8m로 완만한 경사를 이룬다. 가을에 전갱이떼 수백마리가 무리지어 있으며 녹조류와 갈조류들이 무성하다. 한겨울에는 도루묵 알들이 지천으로 널려있다.

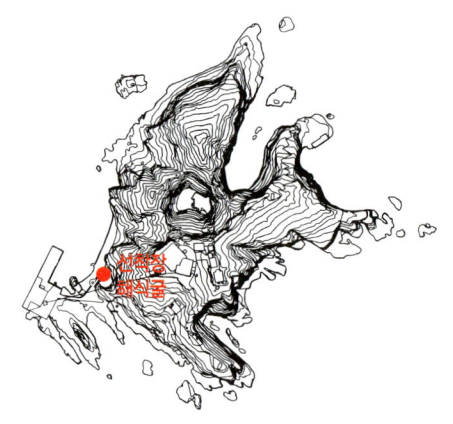

선착장 해식굴에서 바라본 대한봉

깊어가는 가을날, 육지항구로 가지 못하고
선착장 해식굴 앞에서 기웃거리는 낙오된 어린 괭이갈매기의 절뚝거림과 검은 눈빛 속에
살아 있는 생명체의 고단함이 있다.

해가 독도의 서쪽으로 가라앉는 일몰의 시간, 갑자기 몰려오는 어둠에 섬짓함을 느낀다. 해 질 무렵 독도 바다에 홀로 들어가는 일은 독도 바다 전체를 혼자 감당해야하는 중압감이 있다. 이 중압감은 증가해 오는 수압보다 벅차다. 물 밖은 여명이지만 물속은 이미 암흑이다. 독도 밤바다에 들어갈 때마다 이 세상과는 영원한 작별을 할 것 같은 무서움이 든다. 물속인데도 식은땀이 난다.

Arctoscopus japonicus

도루묵 / *Arctoscopus japonicus*
도루묵 난괴(알덩어리)이다. 덩어리 지름은 500원 동전 크기이며, 해조류 가지에 붙인다.
파도가 심하면 떨어져 바닥에 굴러다닌다. 색깔이 다른 것은 알 낳은 시간 차이 때문이다.

전갱이 / *Trachurus japonicus*
독도 연안 중층과 저층에서 유영생활 한다. 어릴 때는 동물 플랑크톤을 먹고 어미는 주로 물고기를 먹는다. 측선은 모비늘로 덮여있고 아가미 뒤에서 시작되어 가슴지느러미 뒤를 지나 아래로 휘어져 내려와 꼬리지느러미까지 이어진다. 전장 40cm까지 자란다.

돌김류 / *Porphyra* sp.
한겨울 동도 선착장과 부채바위, 해식굴 부근 조간대 상부 암반에서 무성하게 자란다. 엽체는 검붉은색이며 막질이고 기다란 댕기모양을 하고있다. 엽체를 뜯어서 맛을 보면 향긋하고 약간 뻣시다.

검정꽃해변말미잘 / *Anthopleura kurogane*
독도 조간대 중부에서 부터 수심 2m 전후의 암반, 자갈, 모래 지역에서 살아간다. 촉수에 닿는 어떤 생물이나 유기쇄설물이라도 녹여서 섭식하는 잡식성이다. 촉수를 활짝 펼친 상태에서 윗부분 직경은 8cm까지 자란다. **갈색꽃해변말미잘**(*A. japonica*)과 함께 살아간다.

갯강구 / *Ligia exotica*

독도연안 바위 틈이나 습한 해조류 부근에 살아가며 조간대 하조선 부근에 특히 많은 등각류이다. 단독으로 생활하는 경우는 드물고 항상 여러 마리가 무리를 지어 살아나간다. 잡식성으로 바위표면의 저서 규조류 및 죽었거나 살아 있는 동식물체를 먹는다. 몸길이는 6cm 까지 자란다.

넙치 / *Paralichtys olivaceus*

독도 연안 수심 10~200m에서 살아간다. 두 눈은 몸 왼쪽에 있고 위쪽 눈은 머리 등쪽 외곽선 가까이 위치한다. 턱이 크고 양 턱에 송곳니 모양의 강한 치열이 있다. 무늬가 있는 쪽은 황갈색 바탕에 흰색과 검은색의 작은 점들이 불규칙하게 흩어져 있다. 무늬가 없는 쪽은 흰색이다. 전장 100cm까지 자란다.

노래미 / *Hexagrammos agrammus*

독도연안 해조류와 바위가 많은 지역에서 살아간다. 몸이 길고, 눈 위 가장자리에 깃털모양 피판이 있다. 주둥이는 길고 뾰족하며, 아래턱이 윗턱보다 짧다. 몸 색깔은 주변 환경에 따라 변화가 심하며, 대개 연한 색 바탕에 진한 구름 무늬가 있다. 작은 갑각류를 주로 먹는다. 전장 30cm 까지 자란다.

붉바리 / *Epinephelus akaara*

독도연안 얕은수심 바위지역에서 살아간다. 입술이 두텁고 아래턱이 윗턱보다 약간 길다. 몸 색깔 변화가 심하여 보통 연한 갈색 바탕에 진한 자갈색 구름무늬가 있고, 몸 전체가 눈동자 크기로 붉은 점무늬들이 일정한 간격으로 흩어져 있다. 각지느러미는 노란색을 띈다. 전장 40cm 까지 자란다.

중앙에 있는 **새우말** / *Phyllospadix iwatensis* 과 게바다말은 해조(海藻, seaweed)가 아니라 해초(海草, seagrass)이다. 해조류는 뿌리가 부착기 역할만 하고, 영양분을 흡수하는 기능이 없다. 그러나 해초류는 해조류와 달리 잎, 줄기, 뿌리와 꽃의 구분이 명확하다.

해초류는 해수 중에서 성장하고 생활하여 꽃을 피우고 열매를 형성하는 해산 현화식물(顯花植物, flowering plants)이다. 해초류는 개화, 수분, 열매와 새로운 개체 형성 등 모든 생활사를 해수나 염분이 함유된 수괴 내에서 수행하는 특성을 가진 식물로 구분된다.

게바다말 / *Phyllospadix japonicus*
연안 암반에 살고 있다. 다년생 침수성 수생식물이다. 이 종은 일본의 서부와 태평양 연안 그리고 우리나라 연안에서만 출현한다. 조간대 지역에서는 새우말과 혼재하거나 단일종으로 패치로 분포한다. 잎은 억세고 길이는 20~80cm 자란다.

이끼벌레류 1 / *Flustra* sp.
독도 연안 그늘진 바위틈이나 큰 바위 아래면 평평한 곳에 부착해 살아간다.
단단한 기질에 얇게 피복하여 성장한다.
각 개체들은 매우 작아 눈으로는 쉽게 식별되지 않지만 군체에 작은 점의 형태로 나타난다.

오분자기 / *Sulculus diversicolor supertexta*
독도연안 얕은 수심에서 살아간다. 해조류를 먹고, 움직임이 빠르다.
패각이 긴 타원형 모양으로 각고가 낮아 편평하며, 구멍은 7~9개로 패각 위로 솟아 있지 않다.
패각은 녹색을 띄지만, 표면에 부착생물들이 붙어 있다. 패각 길이 6cm까지 자란다.

선착장 해식굴 옆 바위 밑에서 비바람 피해가며
끓여 먹는 라면은 더이상 라면 맛이 아니다. 그것은 요리다.
독도 일출과 함께 대한봉에 올랐고,
일몰과 함께 바다속으로 들어갔다. 삭신이 쑤셨다.
낮동안 세차례 잠수하고 들어가는 야간잠수다.

부채바위 옆 안전난간대(야간촬영)

부채바위 Buchaebawi

동도 선착장 동편에 있는 바위로, 경도 131-52-03, 위도 37-14-09에 위치해 있다. 부채형상을 닮았다 해서 부채바위라 한다.

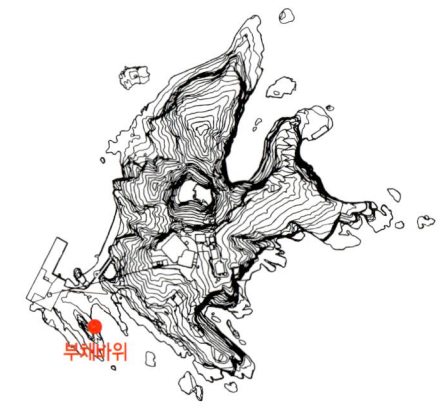

바위는 시간에 의해서
삶이 구획되지 않는다.
시간 흐름에 바위는 **무감각**하다.
바위에는 정지해버린
시간의 **흔적**만이 남아 있다.

◐ 부채바위 앞 해변
◐ 부채바위 맞은 쪽 눈구멍 바위

독도에서 바위는 물질의 세계이고
바다와 바람은 물리적인 세계이다.
물질 세계와 물리적인 힘이 만나서
만든 것이 독도바위 형상이다.

바위 형상에 어떤 목적성은 없다.
무(無)목적성이다.
형상화된 바위에 목적성을
부여하는 것은 인간의 눈과 마음이다.
부질없는 짓이지만 의미는 있다.

돌미륵상 측면

독도바위는
햇빛을 품지 못하고 튕겨낸다.
바위는 햇빛과 더불어
쉼없는 바람을 맞받아 쳐내며
영겁의 시간을 견디고 현재에 이르렀다.

독도바위의 싸움은
바람에 순응하는 싸움이다.

부채바위 측면

모자반류 / *Sargassum* sp.
부채바위 주변과 해녀바위 쪽 평평한 암반 조간대지역에서 겨울철에 무성하다. 식물체는 갈색이며 원반상근에서 뚜렷한 중심가지를 이루고 자란다.

공초록혹 / *Collinsiella cava*
식물체는 짙은 녹색이며 표면에 주름이 많고, 불규칙한 모양으로 암반에 단단하게 밀착하여 밀생한다. 식물체의 어린시기에는 기부 전체가 기질에 밀착되어 있지만 자라면서 바깥쪽은 밀착하지 않고 밖으로 밀린다. 크기는 5cm이하이고, 두께는 1mm이내이다. 겨울에서 봄에 걸쳐 나타나며 독도 조간대에서 자란다.

입방해파리류 / *Carybdea* sp.
독도연안 수심 5m 부근 해류 흐름이 약한 지형에서 발견된다. 우산직경 2cm 정도로 소형이며, 가늘고 긴 촉수가 30cm 이상 늘어진다. 허공에 뜬 몸체가 투명하고 작아서 촬영하기 어렵다. 이 종류 해파리는 자포독성이 강한 것으로 유명하다.

유령해파리 / *Cyanea nozakii*
독도 연안 여름철 고수온기에 나타난다. 주로 표층에서 수심5m 사이에 있다. 몸체 색깔이 흰편이며, 우산의 중앙 내부에는 가로-세로 사이 근육이 매우 발달돼 있다. 촉수는 비교적 짧은 편이어서 우산 직경의 두배 정도에 불과하다. 위 속에서 발견된 치어로 미루어 이층은 작은 물고기를 먹이로 삼는 것 같다.

파래류 2 / *Enteromorpha* sp. 2
한겨울 동도 선착장 주변의 조간대 상부에서 번성한다. 엽체는 넓은 엽상형으로 불규칙하게 자란다. 엽체하부는 두껍다. 엽체 길이 30cm까지 생장한다.

연두끈벌레 / *Lineus fuscoviridis*

조하대 수심 3~10m 사이 바닥에서 살아간다. 몸길이 최대 50cm까지 늘어나는 끈벌레이다. 몸은 전체적으로 짙은 연두색이나 녹색을 띤다. 소형무척추동물을 잡아먹는 육식성 포식자이며, 입주둥이를 길게 뻗어 먹이를 먹는다. 자극을 받으면 몸 표면에 많은 양의 점액질을 분비하여 방어한다.

엉킨실류 / *Derbesia* sp.
식물체는 녹색의 가는 대롱모양으로 중심줄기의 구분이 없고 드물게 가지를 내며 다발을 이룬다. 조간대 다른 식물체에 붙어서 살아간다.

살오징어 / *Todarodes pacificus*(juv.)
오징어라 불리는 종으로 널리 식용으로 이용된다.
계절에 따라 이동하며, 여름철에 수온이 높아 지면 동해안으로 북상한다.
몸통이 원통구조이고 끝부분이 원추형이다. 지느러미는 삼각형이다.

애기배말/ *Patelloida pygmaea pygmaea*
독도 조간대 바위와 작은 돌등에서 살아간다.
패각 표면은 백색 또는 갈색 방사대로 인한 그물무늬가 나타난다.
개체에 따라 무늬의 색이나 형태 변이가 심하다.
각구도 타원형, 난타원형, 원형 등 개체 변이가 있다. 각장 3cm까지 자란다.

작은구슬산호말 / *Corallina pilulifera*
독도 조간대, 조하대에서 흔하게 발견되는 종이다. 몸체는 소형으로 밀집하여 뭉쳐서나며, 작은 가지를 규칙적으로 만든다. 석회질을 함유하기 때문에 단단하고 조간대 하부 조수 웅덩이와 조하대 바위에 군락을 형성하며 밀생한다. 크기는 3~4cm 까지 자란다.

검은큰따개비 / *Tetraclita japonica*
독도 전 연안에서 살아가는 대형따개비류이다. 암반 조간대 중하부에서 부터 수심 2m 이내 조하대 바위 표면까지 부착해있다. 기질에 대한 패각 부착력이 매우 강해서 보통 힘으로는 탈락되지 않는다. 대조시 간조 때를 제외하고는 대부분 물에 잠겨 있으며, 이때 체와 같은 가슴다리를 이용하여 물 속의 플랑크톤을 걸러 먹는 부유물 여과 섭식자이다. 패각 직경 및 높이가 각 3cm까지 자란다.

별망둑 / *Chaenogobius gulosus*

독도연안 얕은 수심 바위와 돌 사이에서 살아간다. 해안가 조수웅덩이에도 있다. 몸은 원통형이고 눈은 작고 머리의 등쪽에 위치한다. 몸은 진한 흑갈색으로 검게 보이며, 흰 점무늬들이 흩어져 있다. 배지느러미는 흡반으로 변형되어 있다. 꼬리지느러미 기부에 검은 점이 있고, 가장자리는 밝은 색을 띤다. 전장 12cm 까지 자란다.

앞동갈베도라치 / *Omobranchus elegans*
독도 연안 바위가 많은 해조류 군락이나 조간대에서 살아간다. 조수 웅덩이에도 있다. 몸은 길고 뒤로 갈수록 좌우로 납작해진다. 머리 윗부분은 좁고, 두 눈 사이는 불룩하다. 입은 주둥이 아래쪽에 있다. 몸 앞쪽은 갈색이고 뒤쪽은 밝은 노란색을 띤다. 머리와 몸 앞쪽에 너비가 넓은 흑갈색 가로 줄무늬가 있다. 모든 지느러미는 노란색이다. 전장 8cm까지 자란다.

해녀바위 Haenyeobawi

현재의 접안시설이 만들어지기 전, 동도 근무 요원들의 수송이나 보급품을 운송하던 곳이다. 수동 크레인(동키)이 설치되어 있어서 '동키바위' 라고 불렀다. 동도 바위의 직벽이 수심 10~11m에서 편평한 바닥을 이루면서 완만하게 깊어지는 지형이다. 중간쯤에 커다란 암반이 있고 모래와 자갈이 깔려있다. 이곳은 파도가 약하여 어린 해양생물들을 만나기 좋은 장소이다. 해녀들이 쉬었던 곳이라 해서 '해녀바위' 라고 한다.

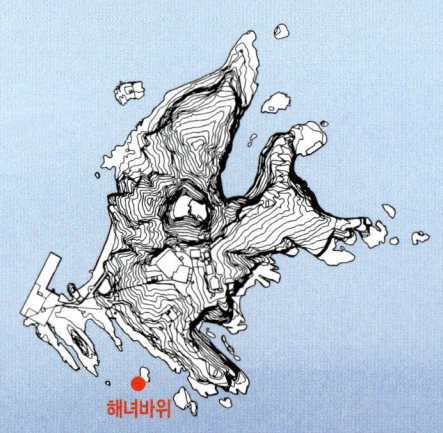

동도 선착장과 오름계단(왼쪽 끝부분이 해녀바위 부근)

가는줄연두군부 / *Ischnochiton boninensis*
수심 5~10m 사이 수중 암반표면에서 단독으로 살아가는 종이다. 몸통은 황갈색에서 녹갈색까지 변이가 크며, 각판 무늬도 선명한 줄무늬에서 부터 반점형태 무늬에 이르기까지 다양하다. 몸통 길이 4cm까지 자란다.

Aurelia aurita

보름달물해파리 / *Aurelia aurita*
독도 연안에서 여름철 고수온기에 볼 수 있다. 낮에는 표층에서 수심 2m 이내, 야간에는 수심 10m 정도에서 유영한다. 우산 직경은 15cm 내외이며, 촉수는 2~3cm 정도로 다른 해파리류에 비해서 짧은 편이다. 느린 속도로 유영하면서 촉수와 입다리에 걸리는 물 속의 플랑크톤을 잡아 먹는다.

보라성게 / *Anthocidaris crassispina* & 큰살파 / *Thetys vagina*
보라성게가 큰살파를 잡아먹고 있다. 수중을 떠다니는 큰살파를 바닥에 붙어서, 입이 아래쪽에 있는 보라성게가 어떻게 잡을 수 있었는지 모르겠다. 사진으로 보면 큰살파 뒷부분에 있는 한쌍의 꼬리모양돌기를 보라성게가 잡고 있다.

매끈이고둥 / *Kelletia lischkei* & **보름달물해파리** / *Aurelia aurita*
독도 전연안 수심 7~30m 정도 암반조하대 바닥에서 흔하게 발견되는 육식성 고둥이다. 패각은 두껍고 단단하며 전체적인 색깔은 다양하지만 보통 녹갈색이나 보랏빛이 감도는 노락색 개체가 흔하다. 낮에는 주로 암반 구석진 틈이나 암반 주변 연성저질 바닥에 얕게 잠입해 있다가 야간에 바닥을 기어다니며 먹이 활동을 한다. 사진은 매끈이고둥이 보름달물해파리를 포식하는 장면. 이 사진 역시 어떻게 바다에 붙어 있는 고둥이 떠다니는 해파리를 잡을 수 있었는지 알수가 없다.

커튼원양해파리 / *Dactylometra quinquecirrha*

독도 연안 수심 10~20m 사이에서 여름과 가을철에 볼수 있다. 다른 해파리류에 비해서 입다리가 상대적으로 잘 발달됐다. 입다리 모양이 커튼 처럼 부드럽게 주름져 있어 아름답다. 유영속도는 빠르지 않고, 떠다니면서 촉수에 걸리는 먹이를 먹는다. 우산 직경 10cm 전후이며, 전체 몸길이는 30~50cm 정도이다.

Cruoriella japonica

고둥옷 / *Cruoriella japonica*

독도연안 수심 7m 이내 얕은 지역에 서식하는 고둥 껍질에 부착하여 살아간다. 고둥 껍질 위에 단단하게 밀착해 있다. 두께는 매우 얇아서 17~180um이다.

이끼벌레류 2 / Cheilostome sp.
독도연안 수심 10m 이내 암반 틈에서 살아가는 이끼벌레류이다. 단단한 부착기질을 덧씌우듯이 성장해나간다. 골격이 약간 단단하며, 미세한 구멍들이 전신에 골고루 퍼져 있다.

노랑점무늬유전갱이 / *Carangoides orthogrammus*
이 종은 어릴때 독도연안 얕은 곳에서 살아가며, 갑각류와 물고기를 잡아먹는다. 몸은 긴 계란형이다. 제1등지느러미는 작고, 제2등지느러미와 뒷지느러미는 앞부분에 연조가 길어서 낫과 같은 모양이다. 측선 부근에 노란 점무늬들이 흩어져있다. 전장 80cm 까지 자란다.

긴꼬리벵어돔 / *Girella melanichthys*

독도연안에서 어릴때 살아가다가 자라면서 외해 쪽으로 이동한다. 체형은 체고가 약간 높은 계란형이다. 주둥이 끝은 둥글고 위턱과 아래턱 길이는 비슷하다. 꼬리자루와 꼬리지느러미가 길다. 아가미뚜껑 뒤 가장자리와 가슴지느러미 기부는 검은색을 띤다. 전장 70cm 까지 자란다.

뿔물맞이게 / *Pugettia quadridens*

독도 전 연안에 분포한다. 주로 물이 맑은 곳 조하대와 해조류가 많은 암초지역에서 살아간다. 등면에 돋은 곱슬곱슬한 털에 해조 또는 해면을 붙여서 위장하며 바위표면에 가만히 있는 습성이 있다. 암컷보다 수컷 등면 돌기가 강하고, 갑각너비도 넓으며 집게다리도 크고 억세다. 체색은 변이가 있지만 주로 녹갈색이다. 갑각너비 3.5cm 까지 자란다.

전차바위 Jeonchabawi

동도 경비대로 오르는 오름계단 중턱에서 오른쪽으로 망양정(전망대) 가는 계단 왼쪽에 있는 전차모양의 바위이다. 전차모양은 바다에서 위쪽으로 올려다 보아야 제대로 모습이 나온다. 수심은 15~40m로 깊으며, 얕은 곳은 대형해조류인 감태와 대황이 해중림 숲을 이루고 있으며 깊은 곳은 자갈과 모래 바닥으로 이루어졌다.

초소로 가는 길에 있는 전차바위와 동도오름 333계단

독도에 북서풍이 불고 파도가 일어나며
해안가에 새하얗게 보풀이 일어날때,
독도는 **적막강산**(寂寞江山)이 된다.
세상과 단절된 공간이다.

전차바위 아래 해안지역

앞선 너울 파도는 뒤쫓아오는
너울에게 자리를 넘겨주고 사그러든다.
바다를 바라보는 것은 항상 먹먹하다.
그 먹먹함은 두려움이다.
파도 앞에서 인간은 무력하다.
그저 숨죽이고 파도가 소멸되기를 기다려야 한다.
원서 조상들도 그랬다.

연지알통양태 / *Neosynchiropus ijimai*
독도연안 바위 주변 모래 바닥에서 살아간다. 눈 위쪽에 짧은 피판이 있다. 수컷 제1등지느러미는 어두운 바탕에 흰 줄무늬들이 있으나 암컷은 없다. 수컷 제2등지느러미에는 파상형 검은 무늬와 흰 줄무늬가 있고, 암컷은 몇개의 경사진 검은 줄무늬가 있다. 전장 12cm 까지 자란다.

붉은눈자루참집게 / *Pagurus japonicus*

독도 연안 수심 5~10m 사이에 암반이나 자갈밭에서 살아간다. 오른쪽 집게다리는 왼쪽 집게다리보다 훨씬 크고, 오른쪽 집게다리 부동지 중앙에는 한줄기의 가시들이 세로로 줄지어 있다. 오른쪽 집게다리에는 전체적으로 연한 갈색 짧은 털들이 촘촘히 덮여 있다. 체색은 자주빛 도는 붉은색이며, 갑각 앞부분 폭이 2cm 까지 자라란다. 두마리 붉은눈자루참집게가 집(패각껍질)을 가지고 다투고 있다.

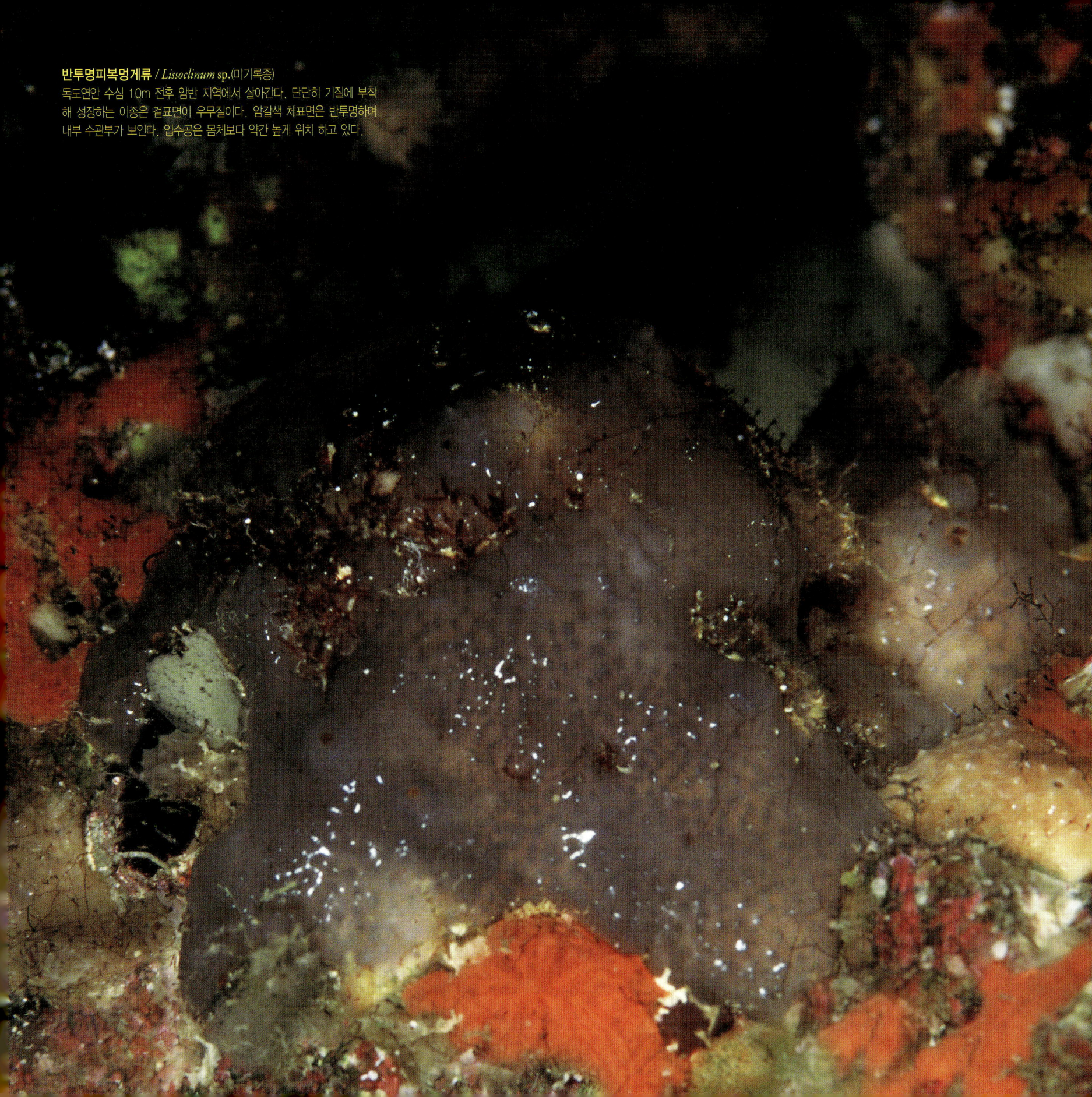

반투명피복멍게류 / *Lissoclinum* sp.(미기록종)
독도연안 수심 10m 전후 암반 지역에서 살아간다. 단단히 기질에 부착
해 성장하는 이종은 겉표면이 우무질이다. 암갈색 체표면은 반투명하며
내부 수관부가 보인다. 입수공은 몸체보다 약간 높게 위치 하고 있다.

붉은잎류 / *Callophyllis* sp.
독도 연안 수심 5m에서 30m 까지 살아간다. 몸체가 두갈래로 동일한 형태가 반복된 듯한 가지를 형성하고 있다. 자홍색을 띠며 대개 엽체크기 15cm 이하이다. 대형갈조류가 분포하지 않는 깊은 수심에서 관찰 된다.

피복멍게류 / *Didemnum* sp. 1(미기록종)
독도 연안 수심 5~12m 사이 암반표면에 부착해서 살아가는 피복성 멍게류이다. 전체적으로 유백색을 띠며 얇은 막을 형성하고 있다. 체표면 전체에 일정한 크기의 작은 출수공들이 촘촘히 있다. 몸체에서 유해물질이 나오는듯 체표면에 다른 생물들이 부착하지 않는다. 일정한 형태가 없이 성장하지만 긴쪽이 10cm를 넘지 않는다.

꼬마군부 / *Rhyssoplax kurodai*
독도 연안 수심 3m 전후 암반 조하대에서 살아가는 소형 군부류이다. 전반적으로 색갈 변이가 많아 녹갈색, 황갈색, 분홍색 등 다양한 색깔의 개체들이 발견된다. 각판이 몸통 전체 3/4 정도를 차지하며 각 각판 표면에는 앞쪽에서 뒤쪽으로 미세한 골들이 형성 되어 있다. 몸통 길이 1cm까지 자란다.

청황베도라치 / *Springerichthys bapturus*
독도 연안 수심 10m 미만의 바위지역에서 살아간다. 머리 아래 면이 위쪽보다 넓고 주둥이는 뾰족하여 삼각형을 이룬다. 몸 색깔은 황적색 또는 황담색 바탕에 적갈색 점들이 있고, 수컷 머리와 주둥이 꼬리지느러미는 검정색을 띤다. 몸길이 6cm까지 자란다.

살파 / *Pegea confoederata*(미기록종)

가을에서 겨울까지 독도연안 표층부터 수심 10m 전후에서 볼 수 있다. 살파(Salpa)는 대표적인 부유성 멍게류이다. 입수공으로 빨아들인 물을 다른 쪽 끝에 있는 출수공으로 내뿜어 유영한다. 피낭은 투명하고 서로 교차하는 2개의 밸트 처럼 생긴 4개의 근육이 피낭 안에 있다. 살파의 사슬형 군체는 100cm 이상 되기도 한다.

납작소라 / *Pomaulax japonicus*

독도 조하대 수심 30m에서 살아간다. 바위면이나 자갈지대 등 노출 환경에서 발견 할 수 있다. 패각은 두껍고 단단하며, 원추형으로 전반적인 외형이 정삼각형이다. 각저는 편평하고 규칙적인 융기선이 동심원 모양으로 배열되어 있다. 뚜껑은 백색의 석회질로 매끈하고 달걀 모양이며 볼록하게 부풀어 있다. 각고 9cm, 각폭 10cm까지 자라는 대형종이다.

개해삼 / *Holothuria monacaria*
독도 연안 수심 5~20m 사이의 자갈바닥이나 암반 조하대에서 살아간다.
몸통에 솟아난 돌기나 전제적인 형태는 '돌기해삼(*Stichopus japonicus*)'과 비슷하지만,
몸통의 일반적인 크기가 돌기 해삼에 비해 상대적으로 길고 굵으며 몸통이 딱딱하다.
지저분한 황갈색을 띤다. 몸통 길이 30cm 까지 자라는 대형 해삼류이다.

팽이고둥 / *Omphalius pfeifferi carpenteri*
독도 연안 수심 5m 전후의 암반 조하대에서 살아 간다. 패각은 단단하고 표면에 거친세로줄 무늬가 강하게 형성되어 있으며 다양한 해조나 부착생물이 붙어있다. 움직임이 느리고 야행성이다. 패각직경 4cm 전후의 초식성 중형고둥이다.

큰살파 / *Thetys vagina*
독도 연안 수심 5~15m에서 발견된다. 살파류 중에서 대형종이다. 몸통 뒷부분에 꼬리모양으로 생긴 돌기가 한쌍 있다. 몸 가운데 흰색으로 보이는 것이 소화관이며, 바로 앞에 심장이 있다. 몸 전체에 걸쳐 보이는 횡모양 줄은 체벽근이며, 이빨 모양으로 생긴 아가미도 가지고 있다. 몸통 최대 길이 15cm 까지 자란다.

서도 Seodo

주요 다이빙 지역 : 가제굴, 가제바위, 혹돔굴

바다가 고요하고 평화로울 때가 있다.
그건 그냥 겉모습이다. 바다 표면이 조용할 뿐이다.
바다는 평온하지도 인자하지도 평화롭지도 않다.
바다는 무섭다. 원래 자연은 무서운거다.
바다를 보고 평안과 안식을 느끼는 것은
보는 사람이 그것을 그런식으로 원하기 때문이다.

서도 앞 해상의 빛내림(동도 헬기장 옆에서 바라 봄)

태양은 독도의 동쪽 바다에서 떠오르고 서쪽 바다로 가라앉는다. 떠오르고 가라앉는 태양의 언저리에서 수많은 색이 깨어나고 소멸한다. 그 색은 경계선 없이 뭉쳐지고 흩어지고 융합되어 생성되다가 결국은 백색으로 끝난다. '태초에 빛이 있었다.'에서 빛은 백색광이었으리라.

가제굴 Gajeagul

가제굴은 가제바위에서 거리가 가깝다. 눈으로 빤히 보인다. 굴 입구 수심 7m, 폭은 5m, 길이 15m 정도이다. 굴의 뒷쪽은 수심 2m에서 해안 암반 쪽으로 나오며 수중암반이 해수면까지 솟아있고 해조류가 무성하다. 주변 암반이 가제굴의 입구와 끝 부분을 감싸고 있다. 수심도 적당하고 파도와 바람을 막아주는 지형이다. 강치(가제:바다사자)가 휴식하고, 잠자기에 적당한 장소이다.

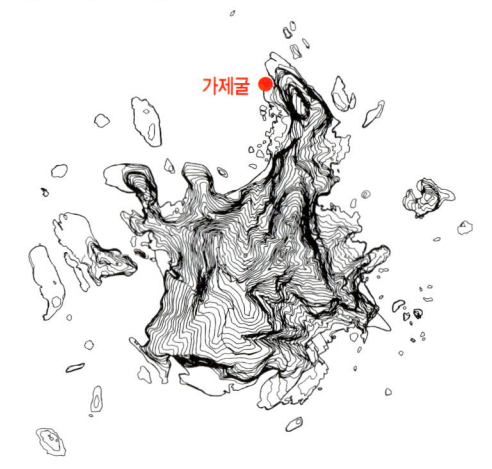

◐ 가제굴 뒷쪽 입구
◐ 사진 중앙의 탕건봉 아래가 가제굴 뒷쪽이다.

독도바위가 물속의 공기돌이 되기까지 수백만년에 걸친 에너지의 순환이 있었다.
독도 물속에 흙 한줌이 만들어지기까지 또다시 수백만년에 걸친 에너지의 순환이 있었다.

물골 물골은 서도 탕건봉 밑에 위치하며 물이 고이는 곳이라고 해서 붙여진 이름이다. 바위틈에서 조금씩 떨어져 고이는 물은 1일 400리터 정도로 섬에서 생활하는데 귀중한 수원(水原)이다. 물골의 물을 채수하여 먹는 물 기준으로 수질분석한 2013년 독도 생태계 모니터링 보고(대구 지방 환경청)에 따르면, 일반세균, 총대장균군, 분원성 대장균군, 세레늄, 진산성 질소 염소이온 등이 기준을 초과하여 먹는 물 농도로는 부적합한 것으로 나왔다. 기준을 초과한 질산성 질소와 염소이온 등이 검출된 물은 100c 이상으로 끓이더라도 오염물질이 그대로 남아 있어 별도의 정수 과정을 거쳐야 식수로 사용할 수 있다.

가제골 부근 물골 안쪽에서 바라본 해안.(철문으로 입구가 막혔다)

자주빛 이끼벌레 / *Watersipora subovoidea*

독도 연안 암반조간대 하부에서 부터 수심 5m 전후의 조하대 암반표면에서 살아간다. 포복성 이끼벌레류이다. 뚜껑(구개:operculum)은 각 개충의 끝부분에 육안으로 볼때 검은 점처럼 있다. 군체의 전체적인 색상은 자주색에서 부터 황갈색에 이르기까지 색상변이가 있다.

끈벌레류 / *Lineus* sp.
수심 10m 전후 조하대 암반틈이나 큰 자갈 아랫쪽에서 살아간다. 늘어났을 때 몸 길이 5cm 정도이며 빛을 싫어한다. 몸을 움직일 때는 표면에 부착하여 지렁이 운동으로 이동한다. 아주 연약하고 물고기들의 손쉬운 먹이감이다.

⬢ 좁은붉은잎 / *Callophyllis adhaerens*
독도 연안 수심 10m 이내 조간대 하부에서 살아간다. 식물체는 붉은색 막질이며 댕기모양으로 가장자리에서 가지를 내어 평면으로 펼쳐지면서 비스듬히 누워자란다. 작은 가지는 뿔모양이고 겨드랑이는 둥굴다. 피층은 구슬모양 세포가 1~3 겹으로 이루어졌고, 수조직은 아주 크고 둥근 세포와 그 사이에 막대 모양 세포가 끼어있다.

⬢ 부착덩어리 해면류 / *Xestospongia* sp.(미기록종)
가제굴 중앙 수심 4m 암반 벽면에서 살아간다. 기질에 부착하며 솟아오른 형태로, 굴곡진 표면에 입수공이 몸체표면 전체에 불규칙하게 분포한다. 연회색 몸체에 적갈색 무늬가 있다. 해면질은 탄력이 있고 단단하다.

회색해변해면 / *Halichondria panicea*
독도 연안 암반 조간대 하부에서부터 수심 2m 전후의 조하대에서 살아간다. 군체 모양은 일정하지 않아 암반 표면을 얇게 덮듯이 퍼져 나가는 것에서 부터 덩어리 모양까지 변이가 다양하다. 표면에는 크고 작은 출수공들이 특별히 돌출되지 않은 상태로 형성 되어 있다. 체색은 황색 또는 회황색 및 황녹색 등으로 변이가 있다. 표면 질감은 연하지만 탄력성이 있다.

바다표고류 / *Peyssonnelie* sp.
수심 10m 전후의 암반표면에서 살아간다. 엽상체 가장자리는 전연, 물결모양을 이룬다. 가근은 엽상체 아랫면에 모여 있다. 엽상체는 석회질화 되었고 체장은 3~5cm이다.

두켜부채 / *Distromium decumbens*
가제굴 입구 수심 5m 암반지역에 부착해서 살아가고 있다. 식물체는 암반에 착생하고 직립하며 가근성 부착기로 부착해 있다. 갈색 또는 녹갈색 동그란 부채모양이다. 엽상체 끝 부분에 막대모양의 정단세포가 울타리처럼 모여있다. 4월에서 10월 사이에 많이 출현하며, 동해안과 남해안에도 분포한다.

주황해변해면 / *Hymeniacidon sinapium*
독도연안 수심 5~10m 사이 조간대 중,하부 암반에서 살아간다. 군체 크기는 일정하지 않고 암반 표면을 덮듯이 퍼져나간다. 전체적으로 황갈색 또는 주황색 군체 표면에는 많은 돌기들이 솟아 있으며 이들 돌기 중 일부 돌기 끝 부분에는 출수공이 열려있다.

포복해면류 / *Ophlitaspongia* sp.
수심 10m 전후의 암반 조하대에서 살아가고 있다. 군체의 전체적인 색상은 짙은 황적색이다. 암반 기질에 부착하여 포복하면서 성장하며, 출수공의 크기는 일정하지 않고 불규칙하게 자리잡고 있고 약간 돌출되어 있다. 출수공의 테두리는 반투명한 얇은 막으로 형성되어 있다.

가시망둑 / *Pseudoblennius cottoides*

독도 연안 바위와 조수 웅덩이에서 살아가며, 육식성으로 소형 갑각류를 먹는다. 콧구멍 위에 작은 가시가 있다. 눈 위에 피판이 있으며, 몸 중간의 측선위에 2~3개의 작은 피판이 있다. 가슴지느러미 기부에서 꼬리지느러미 앞에 이르는 몸 옆에 6~7개의 아령 모양 은백색 무늬가 세로줄을 이룬다. 전장 16cm 까지 자란다.

그물베도라치 / *Dictyosoma burgeri*
독도 조간대 바위 모래 지역에서 살아가는 육식성 물고기이다. 몸이 길고 체고는 낮다. 주둥이는 짧고 둥글다. 배지느러미는 흔적만 남아있고, 비늘은 몸속에 묻혀있다. 몸은 암갈색을 띠고, 측선은 사다리 모양으로 복잡하게 얽혀있다. 몸길이 30cm까지 자란다.

피복해면류 / *Clathria* sp.
독도 연안 수심 10~15m 사이 암반에서 살아간다. 단단한 기질에 평평한 형태로 부착하면서 성장해 나간다. 일정한 모양은 없지만, 커다란 출수공을 중심으로 반투명 수관이 방사상으로 뻗어 있다. 작은 입수공들은 몸체 전체에 골고루 퍼져있다.

독도얼룩망둑 / *Astrabe fasciata*

독도 연안 얕은 수심 자갈바닥에서 살아간다. 몸이 작고 머리부분은 상하로 납작하지만 꼬리 자루는 좌우로 납작하다. 몸은 진한 적갈색을 띠며, 등쪽으로 이어져 좌우 가슴지느러미로 연결되는 흰 세로줄무늬가 있고, 그 뒤쪽으로도 3~4개의 흰 세로줄무늬들이 있다. 우리나라에서는 독도에서 처음으로 채집되어 보고 된 종이다.

33년째 바다를 찾았고, 독도 물속을 13년째 드나들고 있다. 독도 바다는 나의 길을 가게했다. 공기통 메고 들어가는 독도 잠수는 매번 힘들어도 행복하다. 독도 바다 물속을 잠수하는 이들은 하체가 강력해야 한다. 독도 연안 바위에서 수평으로 100여 미터만 벗어나면 걷잡을 수 없는 해류가 시시때때로 흐른다. 얼굴에 쓴 수경이 벗겨질듯한 그 해류를 만나면 끝장이다.

수중촬영중인 해양학자(Ph.D.kim.D.S)

가제바위 Gajaebawi

수심이 18~48m로 깊고 조류가 세다. 바닥지형은 여러 가지 협곡을 이루며 잘 발달해 있다. 절벽 부근에는 붉은 뿔산호류 무리들이 군락을 이룬다. 서도 북쪽에 위치한 여러 개의 암초로 구성되어 있다. 수면 위로 솟은 바위 끝에서 물속으로 직벽을 이루고 있어서 해류의 흐름이 원활하고 바닷물의 흐름이 강하여 항상 다양한 물고기가 많이 모여드는 장소이다.

문어 / *Octopus dofleini*

독도 연안 수심 10~31m 사이 암반 조하대에서 살아간다. 다리를 포함한 몸통 길이 250cm 전후의 대형문어류이다. 겨울철 1~3월 사이에 특히 눈에 많이 띈다. 울릉도와 독도, 왕돌초 등지에서는 비교적 쉽게 발견되지만 그 외의 해역에서는 드물게 나타난다. 몸체가 워낙 크기 때문에 다이버에게 두려움을 준다.

누루시볼락 / *Sebastes vulpes*

독도 연안 가제바위 수심 40m 이하 바위지역에서 살아간다. 작은 갑각류나 물고기를 먹는다. 난태생이며 봄에 새끼를 낳는다. 머리에 강한 가시가 있다. 몸은 회색 바탕에 더 어두운 회흑색 가로무늬가 등지느러미 극조부와 연조부 그리고 꼬리자루에서 나타난다. 띠볼락과 비슷하지만, 꼬리지느러미 가장자리의 흰색 테두리 폭이 띠볼락에 비해 매우 좁고 불분명하다. 몸통의 가로무늬는 성장 할수록 희미해진다. 전장 40cm 까지 자란다.

불볼락 / *Sebastes thompsoni*

독도 연안 수심 40m 이상에서 살아간다. 난태생이다. 코 주변, 눈앞과 위에 약한 가시가 있고, 위턱 상부를 덮는 가시가 두개 있다. 아래턱이 위턱보다 길고, 위턱 뒤끝은 눈의 중간부분 아래까지 도달한다. 몸은 연한 담황색 바탕에 5개의 불규칙한 흑갈색 가로무늬가 있다. 동물성 플랑크톤과 작은 물고기를 먹는다. 전장 35cm 까지 자란다.

황놀래기 / *Pseudolabrus sieboldi*

독도 연안 얕은 수심 해조류와 바위가 많은 곳에서 살아간다. 측선은 수컷의 경우 몸 뒤쪽은 불분명하고 암컷은 등의 외곽선과 평행을 이루다가 등지느러미 후반부에서 급한 경사를 이루면서 아래쪽으로 휘어져 내려온다. 몸 색깔은 수컷은 진한 녹갈색이고 암컷은 황갈색을 띤다. 눈아래에는 적갈색 무늬가 있다. 전장 25cm 까지 자란다.

불나무진총산호류 / *Euplexaura* sp.
수심 20m 이상 어두운 지역중 조류 소통이 원활한 지역에서 살아간다. 군체는 한방향으로 성장하며 가지는 분지하여 윗쪽으로 휘어진 모양이다. 골축은 탄력성이 있다. 군체는 백색이고, 폴립은 연한 갈색이다.

유착진총산호 / *Euplexaura anastomosans*

독도 연안 수심 20~30m 근처 소통이 원활한 수직벽에서 살아간다. 군체는 높이 50cm 정도로 너비가 약간 좁으며 일평면상으로 가지들끼리 유착이 심하다. 살아 있을때는 연한주황색이지만 알코올 속에서는 회갈색이 된다. 폴립은 갈색이며 골축은 금속 빛나는 갈색이다.

주름붉은잎 / *Callophyllis crispata*
독도 연안 수심 10m 이내 조하대 암반에서 살아간다. 식물체는 소반상근에서 단독 또는 수 개체씩 모여나며 줄기는 짧다. 주축은 편압 또는 원주상에 가까우며, 차상 또는 다차상으로 분기한다. 가지 가장자리는 전연이나 성숙한 잎은 작은 돌기모양의 구조이다. 식물체는 막질이며 자홍색이다. 체장이 10~20cm 까지 자란다.

분부챗말 / *Padina gymnospora*
독도 연안 수심 15m 이내 암반에 착생하며 살아간다. 발생초기에는 선상이지만, 성장하면 엽상체는 두껍고 질긴 황갈색 부채모양으로 펼쳐지며 짧은 자루를 갖는다. 엽상체 아래면에는 석회질이 조금있다. 연중 출현하며 체장은 10cm까지 자란다.

둥근전복 / *Haliotis discus*
패각이 타원형이며 두껍고 단단하다. 각구로부터 4~6개의 호흡구멍이 있다. 야행성으로 밤에 먹이 활동을 하며, 식성은 초식성이고 암반을 긁어 미세조류를 먹기도 한다. 표면은 갈색 또는 회갈색이다. 우리나라 전 연안에서 자연 양식이 이루어지고 있는 종으로, 대표적인 식용수산 자원이다. 4년생은 각장 10cm까지 자란다.

시루해면류 / *Xestospongia* sp.
가제바위 수심 20m 부근 조류 흐름이 원활한 암반 지역에서 살아간다. 떡 찌는 시루모양을 닮은 이 해면은 대공의 가장자리가 뭉툭하고 굴곡져 있다. 군체의 전체적인 색상은 연한 적갈색이고 해면질은 강하고 질기다. 단독으로 있다.

둥근컵산호 / *Calicogorgia granulosa*
독도 연안 수심 15~30m 사이에서 살아간다. 군체는 부채모양의 일평면상을 이룬다. 촉수는 담청색이나 분홍색, 적갈색을 띤다. 골축 아랫부분은 황갈색이고, 끝부분은 백색을 띤다.

곤봉바다딸기 / *Bellonella rigida*
가제바위 수심 10~30m 조하대 암반에서 살아간다. 암반에 부착하여 군락을 형성한다. 군체의 전체 길이는 10cm 전후가 보통이며 선홍색을 띤다. 군체 길이가 짧고 딱딱하며 전체적으로 뭉특한 느낌이다.

해송 / *Antipathes japonica*

독도 연안 수심 30m 이상에서 살아간다. 잔가지는 1~2.2cm이고 엽상체는 0.4~1.2cm로 45~55도 각도로 분지한다. 골축은 암갈색이고 폴립과 공육은 백색에 유백색 반점이 있다. 일명 '무낭'이라고 불리며 지팡이나 보석으로 가공된다. 군체 색깔은 변이가 있으나 대부분 흰색이거나 흰색이 가미된 밝은색을 띤다. 군체 높이 50cm 전후가 많다.

괭생이모자반 / *Sargassum horneri*
독도 연안 조하대 수심 5~15m 사이에서 살아간다. 몸체는 작은 방석 모양뿌리에서 원주상 가시가 있는 줄기가 나오고 상부에는 가지를 많이 낸다. 잎은 톱니모양이다. 길이는 1~5m 정도로 길고, 파도가 약한 지역에서 군락을 이룬다. 생식기탁은 원주상이며, 자웅이주이다. 해중림을 구성하는 종이다.

노랑거북복 / *Ostracion cubicus*

독도 연안 산호초와 바위 주변에서 단독으로 살아간다. 몸통 단면이 사각형이다. 꼬리자루를 제외한 몸 전체에 비늘이 변형된 딱딱한 골판으로 덮여있다. 성장단계와 개체간 몸 색깔 차이가 있다. 어릴때는 몸 전체가 노란색 바탕에 눈 크기의 검은 점들이 배열되어 있다. 어미가 되면 몸은 암갈색으로 변하고, 흰점은 희미해지며 머리와 꼬리지느러미에 작고 검은 점들이 나타난다. 피부에 점액독이 있다. 갑각류와 조개류 등 무척추동물을 먹는다. 전장 40cm 까지 자란다.

갈색꽃해변말미잘 / *Anthopleura japonica*

독도 연안 조간대 중부에서 부터 수심 8m 전후까지의 자갈이나 암반 또는 모래 등 다양한 저질에서 살아간다. 다양한 색체변이를 보이기 때문에 검정꽃해변말미잘 / *A. Kurogane* 과 구별이 쉽지 않다. 그러나 검정꽃해변말미잘은 촉수에 반점에 없는 반면 본종은 대부분이 촉수에 반점을 가지고 있다. 잡식성이다. 체벽에 이물질이 붙는 경우는 드물다.

말쥐치 / *Thamnaconus modestus*

독도 연안 저층에서 유영생활하며 살아간다. 체형은 긴 타원형이다. 등지느러미의 극조는 송곳처럼 강하게 발달되었으며, 눈위 약간 뒤쪽에 위치 한다. 비늘은 매우 작은 가시로 변형되어 피부가 거칠다. 몸색깔은 변이가 심하여 회갈색 바탕에 흑갈색 무늬가 불규칙하게 흩어져있다. 각지느러미는 흑청색 또는 녹색을 띤다. 플랑크톤과 부착생물, 저서생물을 먹는다. 전장 30cm 까지 자란다.

흑돔굴 Hokdomgul

'독도 산 73번지'라고 표시된 독도 부속 암초길. 수심 13~18m 부근에 있는 수중동굴이다. 이 굴에는 밤에는 대형 흑돔이 들어와서 잠을 자고 휴식을 취하지만, 낮에는 야행성인 개볼락 수 십 마리가 항상 그곳에서 햇빛을 피하고 있다. 이 굴 벽면과 천장에는 부채뿔산호와 부착해면류, 해삼 등이 살아간다. 언덕 위에는 수심 4~5m에 두 개의 입구가 있다.

독도 바다속에서 한번 오리발 동작으로 나아갈 수 있는 거리는 얼마 안된다. 무중력 상태의 허공에 떠있는 듯한 완벽한 중성부력을 유지 할때, 물속에서 나는 자유를 느낀다. 이 자유는 낯선 경험이다. 흔한 경험이 아니다. 물속에서 온몸 전체로 받아들이는 수압은 중력을 제어한다. 아래쪽으로 잡아 당기는 중력은 물속 수압 앞에서 힘을 잃는다.

혹돔굴 내부 천정 공기주머니 혹돔굴 내부 천장에 모여있는 공기는, 다이버가 내뱉은 공기가 외부로 빨려나가면서 일부 굴곡진 천장에 모인것이다. 이 공기는 별일 없는한 오랫동안 그대로 있다.

혹돔굴 내부 뒤쪽 수직 동굴 입구

우치다햇님불가사리 / *Solaster uchidai*
독도 연안 수심 10m 이상 조류소통이 원활한 암초지대나 자갈지대에서 살아간다. 몸통이 크고 두껍다. 팔은 비교적 짧고, 10~12개 정도이다. 체색은 짙은 노란색에 갈색의 과립이 형성되어 있고, 팔 끝 부분은 짙은 주황색을 띤다. (혹돔굴 입구 왼쪽 수직 암반 지역에서 촬영)

황색덩이부착해면류 / *Agelas* sp. cf. *clathrodes*(미기록종)
혹돔굴 내부 중간지점 왼쪽 천장에 부착해서 살아간다. 군체는 전체적으로 황색을 띠고 일정한 형태는 없지만 굴곡을 이루며 덩어리져 있다. 출수공이 형성된 부분은 약간 돌출 되어있다.

볼록별불가사리 / *Asterina bartheri*

독도 연안 수심 5~15m 사이 암반 조하대에서 살아간다. 소형 불가사리류이며, **별불가사리** / *A.pectinifera* 와 섞어서 분포하기도 하지만 그 개체수가 적다. 전체적인 외형은 별불가사리와 비슷하나 크기가 작고 다리의 끝이 뭉툭하며 별불가사리와의 구별은 구판(oral plate)에 있는 가시의 수와 모양 등으로 한다. 오른쪽에 별불가사리(청색)와 같이 있는 볼록별불가사리(황색).

Didemnum sp.

흰덩이멍게류 / *Didemnum* sp. 2
수심 10m 내외 조하대 암반위에서 군체를 형성하며 살아가는 멍게류이다. 암반 표면을 덮듯이 성장하며, 입수공은 군체 표면 전체에 퍼져있고 공동의 출수공은 군체 표면이 융기된 곳에 위치하고 있다. 군체의 전체적인 색상은 흰색 또는 아이보리색을 띠고 있다.

주황해변해면 / *Hymeniacidon sinapium*
독도 연안의 암반 조간대 하부에서 살아가는 해면류이다. 군체의 크기는 일정하지 않고 암반 표면을 덮듯이 퍼져나간다. 전체적으로 황갈색 또는 주황색의 군체표면에는 돌기들이 솟아 있고, 이들 중 일부 돌기들의 끝 부분에는 대공이 열려 있다.

진주배말 / *Cellang grata*
독도 연안 암반 조간대 중,하부 파랑이 강한 곳에서 살아간다.
패각이 두껍고 단단하며 전체적으로 짙은 흑갈색 바탕에 흰색 무늬가 흩어져 있다.
초식성 삿갓조개류이다. 패각 직경 3cm까지 자란다.

검정해변해면 / *Halichondria okadai*

독도연안 수심 5m 전후 암반 조하대에서 살아간다.
일정한 형태가 없으며 대공이 위치한 돌기들 크기와 높이에는 변이가 있지만 최대 높이가 1.5cm를 넘지 않는다.
전체적으로 완전한 검은색 군체보다는 흑자색이나 흑회색 군체가 많다.
해면 내부는 황색을 띠며, 햇볕이 잘 드는 장소를 좋아한다.

돌가사리 / *Chondracanthus tenellus*

독도 연안 수심 5m 전후 암반에서 부착 생활한다. 식물체는 작은 부착기에서 모여나며, 편압된 사상체는 가지 양쪽에서 우상(羽狀:깃모양)으로 분지한다. 가지는 호생(互生:어긋나기) 또는 대생(對生:마주나기)으로 분지하며, 가지는 간혹 구부러지며 끝은 뾰족하다. 엽체는 짙은 암홍색이고, 물속에서 아름다운 형광을 낸다. 단단한 연골질로 표본대지에 붙지 않는다. 체장 8~12cm 까지 자란다.

황록해변해면 / *Halichondria oshoro*

독도 연안 암반 조간대 하부에서 수심 7m 전후 조하대에서 살아간다. 공생하는 조류로 인해 군체는 전체적으로 황록색을 띠며, 암반표면을 공생하는 조류로 인해 군체는 전체적으로 황록색을 띠며 일정한 형태 없이 암반표면을 1.5cm 전후의 두께로 덮어싸면서 성장해나간다. 군체 표면 질감은 부드러우며 출수공이 형성되어 있는 군체 표면 돌기는 크게 돌출 되어 있지 않다.

거미불가사리류 / *Ophiomastix* sp.
독도 연안 수심 7m 전후 암반, 모래바닥에서 살아간다. 팔은 포함한 몸통 길이 10cm 정도의 중형 거미불가사리류이다. 각각의 팔에는 주로 가장자리를 따라 길이 5mm 정도 많은 가시들이 돋아 있다. 팔에 붉은 밴드무늬가 있는 것이 특징이다.

볼락 / *Sebastes inermis*

독도 연안 수심 20~50m 사이 바위 지역에서 10마리 이상씩 무리를 지어 살아간다. 주둥이 위와 두 눈 사이, 그 뒤쪽에 각각 한쌍의 약한 가시가 있다. 위턱, 상단을 덮는 날카로운 가시가 2개 있으며, 그 끝은 아래쪽을 향한다. 몸 색깔은 황갈색, 회갈색, 회백색 등으로 다양하고, 5~6개의 불분명한 가로무늬가 있다. 새우류, 조개류, 지렁이류, 작은 물고기를 먹는다. 전장 30cm 까지 자란다.

보라판멍게 / *Botrylloides violaceus*
많은 군체들이 바위나 조개껍질 표면을 싸고 부착해 살아간다. 외피는
연하고 유무질이며 투명하고 표면이 매끈하여 다른 물질이 붙지 않는다.

아가씨줄무늬갯민숭이 / *Dermatobranchus otome*
독도 연안 수심 10m 전후 암반조하대에서 살아가는 육식성 갯민숭이류이다. 몸은 길쭉하며 전체적으로 흰색바탕에 검정색 또는 검붉은색 작은 반점들이 흩어져 있고 촉수는 끝부분이 붉은색을 띤다. 몸 길이 2cm 까지 자란다.

살파류 / *Salpa* sp.
어민숙소에서 코끼리바위 쪽으로 가는 혹돔굴 뒤쪽 수심 10m에 있는 테트라포트(4각뿔구조물)에서 촬영했다.
1월 초라서 수온이 12C였다. 원통형의 몸체를 세로로 길게 엮듯이 붙어있고, 별불가사리와 성게류가 이 종을 먹은 것이 여러차례 보였다.
추운 곳을 선호하는 살파류 같다. *Pagea confoederata* 와 다르게 긴 원통 몸체가 촘촘히 붙어있는 사슬 군체를 이룬다.

방석청각 / *Codium dimorphum*

우리나라 전연안에 분포하는 청각류이다. 식물체는 짙은 녹색이며 평평하고,
가장자리 생장에 의하여 불규칙하게 원형 열편이 나타난다.
폭은 약 10cm까지 자란다. 소낭은 작고 뭉쳐나며, 끝은 둥글고 바위에 단단히 붙는다.

굵은마디말
/ *Pachyarthron cretaceum*
독도 연안 조간대 하부 암반에서 살아간다. 몸체는 똑바로 서고, 불규칙하게 2~3회 분지하며 윗쪽 끝부분은 가늘다. 관절은 모두 원주상이고, 길이가 비교적 길게 형성된다.

갯민숭달팽이 알집
/ Eggs of Nudibranch
해조류 엽체 표면에 갯민숭이류 난괴(알집덩어리)가 흰색 나선형으로 붙어있다. 이런 형태 난괴는 불꽃갯민숭이류의 것이다. 어떤 종인지는 확인 할 수 없었다.

팔손이불가사리 / *Coscinasterias acutispina*
독도 연안 수심 5~20m 사이 암반 조하대에서 살아간다. 팔은 8개 전후이며 각팔 가장자리를 따라서 짧지만 강한 가시들이 돋아 있으며, 표면에는 전체적으로 다소 부드럽지만 점착성이 있는 털뭉치들이 고르게 퍼져있다. 몸통에 비해 긴 팔은 작은 물리적 충격에도 쉽게 떨어지는데 재생능력이 강하다. 팔을 포함한 몸통길이 10cm 까지 자란다.

부착섬유질해면류 / *Sarcotragus* sp.cf. *arbuscula*(미기록종)
독도 연안 수심 20m 부근, 조류소통이 원활한 암반지역에서 살아간다. 다른 해면들 사이 공간에 끼어서 소규모로 서식한다. 가는 섬유질을 엮어 놓은 듯한 모양에 삼각형, 사각형의 분명한 벌집 구조를 이루고 있다. 원형 출수공은 약간 돋아있고 입구는 얇은 막으로 되어 있다. 섬유질 사이 작은 구멍들이 출수공이다.

카미너스해면 / *Caminus awashimensis*
독도 연안 수심 5m 전후 암반 조하대에서 살아간다. 군체 기저부는 전부 연결되어 있지만 표면은 보통 직경 1~2cm 정도의 알모양 돌기로 형성되어 있으며 모양과 크기가 일정하지 않다. 군체 표면에 흩어져 있는 입수공은 육안으로 보이지 않으며 출수공은 알모양의 군체 상단부에 형성되어있다.

섬세망이끼벌레 / *Iodictyum deliciosum*
독도 전 연안 조간대 하부에서 부터 수심 10m 전후 조하대 암반이나 해조류 부착기 부근에 부착해서 살아가는 이끼벌레류이다. 하나의 지점에서 시작하여 '레이스' 형태 군체를 뻗어가며 이들 군체는 매우 연약하지만 군체 전체에 형성된 구멍이 해류에 대한 저항을 줄여준다. 군체 높이와 직경을 보통 5cm 전후이다.

촛대바위 연안에 부딪힌 파도

원양에서부터 밀려와
흔들리면서 일어나는 물결은,
독도 연안에서 순해지지 않고
그대로 치받는다.

그 순간 바다와 하늘은 뒤엉켜 하나다.
파도가 춤출 때 바다와 하늘은 한몸이다.
서로가 서로를 부른다.

수중조사 중인 해양학자들(Lee, K-A / Kim, B / Lee, S-C)

一切非常好

물속을 유영하는 잠수자는 그 자신이 세상의 중심이다. 호흡기를 통해 들어오는 압축공기의 들숨과 수경 앞에서 위로 거품을 일으키며 올라가는 날숨의 물방울 속에 생명 유지가 있다. 잠시라도 호흡을 멈출 수 없다. 산다는 것이 숨쉬기 연속이라는 것을 분명하게 알려주는 곳이 물속이다.

나가는 글

원시 인류의 동굴벽화는 잊혀짐에 대한 추억의 형상화 작업이었다. 독도 물속에서 사진 찍고 책으로 엮는 일은 기록의 형상화 작업이다. 기록은 쌓여서 역사가 된다. 기록되지 않은 역사는 추억의 지평선으로 넘어간다. 기록된 역사는 흔적의 지평선에서 솟아 오른다.

독도 바다 해양생물에 대한 기록을 위하여 이 책을 만들었다.

동도 선착장 약 600평 남짓 콘크리트 바닥에 서 있는 사람들 마음 속 눈물을 닦아줄 사람은 바로 나다. 각 분야 전문가들이 독도에 관하여 각자의 일을 할때, 그들 마음속 눈물을 닦아줄 수 있다.

참고문헌

『독도 바다 물고기』(김지현 외, 환경부, 국립생물자원관, 2014)

『독도의 무척추동물 1.연체동물』(김사홍 외, 환경부 국립생물자원관, 2014)

『독도에 살다』(전충진, 갈라파고스, 2014)

『울릉도, 독도에서 만난 우리바다생물』(명정구 외, 지성사, 2013)

『제주도 어류』(김병직 외, 국립생물자원관, 2013)

『바닷물고기』(조광현·명정구, 보리, 2013)

『독도 생태계 정밀조사 보고서』(조재미 외, 환경부 대구지방환경청, 2010)

『독도의 해양생물』(손민호 외, 국립수산과학원, 2009)

『독도의 자연』(경북대학교 울릉도·독도연구소, 경북대학교 출판부, 2008)

『대한민국 국가지도집』(국토해양부 국토지리정보원, 2008)

『한국지리지-총론편-』(국토해양부 국토지리정보원, 2008)

『한국지리지-경상편-』(국토해양부 국토지리정보원, 2008)

『독도·울릉도 사람들의 생활공간과 사회조직연구』(박성용, 경인문화사, 2008)

『독도 견문록』(주강현, 웅진지식하우스, 2008)

『독도 가는 길』(최낙정 외, 해양문화재단, 2008)

『독도 화산의 지질-암석, 광물, 연대 그리고 생성원인-』(장윤득·박병준, 독도의 자연, 경북대학교출판부, 2008)

『독도 해산의 사면침식으로 인한 지형』(강지현 외, 대한지리학회지 43-6, 2008)

『독도에 관한 연구 성과와 과제』(박경근·황상일, 지리학논구 27, 2008)

『독도 생태계 모니터링 보고서』(김준동 외, 환경부 대구지방환경청, 2008)

『조류 서식지로서 독도의 생태적 특성』(권영수, 한국조류학회지 10-1, 2007)

『독도 동도 서쪽 해안의 타포니 지형 발달』(황상일·박경근, 한국지역지리학회지 13-4, 2007)

『독도·울릉도의 역사』(김호동, 경인문화사, 2007)

『울릉군지』(울릉군, 2007)

『기후학』(이승호, 기후학, 2007)

『동해상 한국령 도서와 일본령 도서의 식물지리 분석』(공우석·조도순, 한국해양수산개발원, 2007)

『가고 싶은 우리 땅 독도』(국립중앙박물관, 2006)

『독도의 식생, 전국자연환경기초조사』(유영한·송민섭, 환경부, 2006)

『겨레의 섬 독도』(차종환·신법타·김동인, 해조음, 2006)

『독도 균열발생에 따른 지반안정성 조사연구』(한국지질자원연구원, 해양수산부, 2006)

『울릉도 및 독도의 지리적 특성』(공우석 외, 한국해양수산개발원, 2006)

『독도 균열 발생에 따른 지반안정성 조사연구』(김복철 외, 한국지질자원연구원, 2006)

『지구물리 자료를 이용한 울릉분지 북동부 독도 및 주변 해산들에 관한 연구』(김창환, 연세대학교 박사학위논문, 2006)

『독도 지형지』(전영권, 한국지역지리학회지 11-1, 2005)

『독도 주변해역의 해저지형 특성 및 해산의 내부구조』(한현철, 독도의 지정학-독도문제 대책을 위한 토론회-, 대한지리학회·조선일보, 2005)

『독도 영유권 시비와 지정학』(형기주, 독도의 지정학-독도문제 대책을 위한 토론회-, 대한지리학회·조선일보, 2005)

『한국어류 대도감』(김익수외, 교학사, 2005)

『독도문제 대책을 위한 토론회 자료집』(대한지리학회·조선일보사, 2005)

『독도, 지리상의 재발견』(이진명, 삼인, 2005), 『독도 생태계 등 기초조사 연구』(한국해양연구소, 해양수산부, 2005)

『독도 자연생태계 정밀조사』(환경부 자연보전국 자연정책과 편, 환경부, 2005)

『세계 해저의 생태와 생물』(김지현, 국립군산대학교 수산과학연구소, 2004)

『신용하의 독도 이야기』(신용하, 살림출판사, 2004)

『한국지리(총론)』제3판(권혁재, 법문사, 2003)

『독도 화산의 분출윤회와 화산형태』(황상구·전영권, 자원환경지질 36-6, 2003)

『동해 독도주변 해산의 지구물리학적 특성』(강무희 외, 해양학회지 7, 2002)

『해저지형 및 자기이상 분석에 의한 독도 및 주변 해산 구조 및 성인 연구』(박찬홍 외, 대한지질학회·대한자원환경지질학회·한국석유지질학회·한국암석학회 제57차 추계공동학술발표회 초록집, 2002)

『바위 해변에 사는 해양생물』(홍성윤 외, 풍등출판사, 2002)

『전국자연환경조사보고서-울릉도·독도 지역의 지형경관-』(서종철·손명원·윤광성, 2002)

『한국기후표』(기상청, 2001)

『한국해양생물사진도감』(박흥식 외, 풍등출판사, 2001)

『아름다운 섬 독도』(해양수산부, 2000)

『한국의 기후』(이현영, 법문사, 2000)

『한국의 바다물고기』(최윤 외, 교학사, 2000)

『독도 알칼리 화산암류의 K-Ar 연대와 Nd-Sr 조성』(김규한, 지질학회지 36, 2000)

『독도 생태계 등 기초조사 연구』(한국해양연구소, 해양수산부, 2000),

『울릉도 독도의 종합적 연구-울릉도 및 독도지역의 식물생태계-』(김용식, 영남대학교 민족문화연구소, 1998)

『독도』(박인식, 대원사, 1996)

『독도의 민족 영토사 연구』(신용하, 지식산업사, 1996)

『울릉군 통계연보』(울릉군, 1996)

『독도 화산암의 분별결정작용』(김윤규·이대성·이경호, 지질학회지 23, 1987)

『울릉도·독도 종합학술조사보고서-울릉도와 독도의 지형-』(박동원·박승필, 한국자연보존협회, 1981)

『울릉도 및 독도의 식생』(임양재·이은복·김선호, 한국자연보존협회 조사보고서 19, 1981)

『울릉도와 독도의 조류』(우한정·구태회, 자연보호중앙협의회 자연실태종합학술조사보고서 10, 1981)

『독도의 생물상 조사보고-독도의 조류조사-』(원병오·윤무부, 자연보존 23, 1978)

『독도의 식물상』(이창복, 자연보존 22, 1978)

[네이버 지식백과] 독도 [Dokdo, 獨島] (한국민족문화대백과, 한국학중앙연구원)

Index

Scientific Name

A.pectinifera	28, 177	*Corallina pilulifera*	98	*Hexagrammos agrammus*	76	*Porphyra yezoensis*	52
Agelas sp. cf. *clathrodes*	176	*Coscinasterias acutispina*	192	*Holothuria monacaria*	127	*Protaeolidiella atra*	7, 29
Anthocidaris crassispina	106	*Cruoriella japonica*	109	*Hymeniacidon sinapium*	144, 179	*Pseudoblennius cottoides*	146
Anthopleura japonica	73, 168	*Cyanea nozakii*	91	*Iodictyum deliciosum*	195	*Pseudolabrus sieboldi*	155
Anthopleura kurogane	73	*Dactylometra quinquecirrha*	9, 51, 108	*Ischnochiton boninensis*	104	*Pteragogus flagellifer*	40
Antipathes japonica	165	*Derbesia* sp.	95	*Kelletia lischkei*	107	*Pugettia quadridens*	113
Arctoscopus japonicus	37, 69	*Dermatobranchus otome*	187	*Ligia exotica*	74	*Rhyssoplax kurodai*	49, 123
Asterina bartheri	177	*Dictyosoma burgeri*	147	*Lineus fuscoviridis*	94	*Salpa* sp.	28, 188
Astrabe fasciata	149	*Didemnum* sp. 1	122	*Lineus* sp.	137	*Sarcotragus* sp.cf. *arbuscula*	193
Aurelia aurita	105, 107	*Didemnum* sp. 2	178	*Lissoclinum* sp.	120	*Sargassum horneri*	166
Bebryce thomsoni	11	*Distromium decumbens*	143	*Neosynchiropus ijimai*	118	*Sargassum* sp.	43, 88
Bellonella rigida	164	*Ecklonia cava*	37, 46	*Octopus dofleini*	27, 152	*Sebastes inermis*	185
Botrylloides violaceus	186	Eggs of *Arctoscopus japonicus*	25	*Omobranchus elegans*	101	*Sebastes thompsoni*	154
Calicogorgia granulosa	163	Eggs of Nudibranch	191	*Omphalius pfeifferi carpenteri*	50, 128	*Sebastes vulpes*	153
Callophyllis adhaerens	138	*Eisenia bicyclis*	36, 37	*Ophiomastix* sp.	184	*Solanderia misakinensis*	7
Callophyllis crispata	158	*Enteromorpha* sp. 1	92	*Ophlitaspongia* sp.	145	*Solaster uchidai*	174
Callophyllis sp.	121	*Enteromorpha* sp. 2	93	*Ostracion cubicus*	167	*Springerichthys bapturus*	124
Caminus awashimensis	194	*Epinephelus akaara*	77	*Pachyarthron cretaceum*	190	*Sulculus diversicolor supertexta*	81
Carangoides orthogrammus	111	*Epinephelus septemfasciatus*	41	*Pachygrapsus crassipes*	31	*Tetraclita japonica*	99
Carybdea sp.	90	*Euplexaura anastomosans*	157	*Padina gymnospora*	159	*Thamnaconus modestus*	169
Cellang grata	180	*Euplexaura* sp.	156	*Pagurus japonicus*	119	*Thetys vagina*	44, 106, 129
Chaenogobius gulosus	100	*Flustra* sp.	80	*Paralichtys olivaceus*	75	*Todarodes pacificus*	35, 96
Chama limbula	53	*Girella melanichthys*	112	*Patelloida pygmaea pygmaea*	97	*Trachurus japonicus*	70
Cheilostome sp.	110	*Halichoeres poecilopterus*	39	*Pegea confoederata*	125	*Tricellaria* sp.	48
Chlorostoma turbinata	36	*Halichondria okadai*	181	*Petalonia fascia*	47	*Watersipora subovoidea*	136
Chondracanthus tenellus	182	*Halichondria oshoro*	183	*Peyssonnelie* sp.	141	*Xestospongia* sp.	161
Clathria sp.	148	*Halichondria panicea*	140	*Phyllospadix japonicus*	78	*Xestospongia* sp.	139
Codium dimorphum	189	*Haliotis discus*	160	*Pomaulax japonicus*	126		
Collinsiella cava	89	*Hemicentrotus pulcherrimus*	32	*Porphyra* sp.	72		

TEARS OF DOKDO

Korean Name

가는줄연두군부	104	누루시볼락	153	부착덩어리 해면류	139	입방해파리류	90
가시망둑	146	능성어	41	부착섬유질해면류	193	자주빛 이끼벌레	136
갈색꽃해변말미잘	73, 168	대황	36, 37	분부챗말	159	작은구슬산호말	98
감태	37, 46	도루묵	37, 69	불나무진총산호류	156	전갱이	70
개미역쇠	47	도루묵 난괴(알덩어리)	25	불볼락	154	좁은붉은잎	138
개해삼	127	독도얼룩망둑	149	붉바리	77	주름붉은잎	158
갯강구	74	돌가사리	182	붉은눈자루참집게	119	주황해변해면	144, 179
갯민숭달팽이 알집	191	돌김류	72	붉은잎류	121	진주배말	180
거미불가사리류	184	두켜부채	143	뿔물맞이게	113	청황베도라치	124
검은큰따개비	99	둥근전복	160	살오징어	35, 96	카미너스해면	194
검정꽃해변말미잘	73	둥근컵산호	163	살파	125	커튼 원양 해파리	9, 51, 108
검정큰도롱이갯민숭이	7, 29	말똥성게	32	살파류	28, 188	큰산호붙이히드라	7
검정해변해면	181	말쥐치	169	섬세망이끼벌레	195	큰살파	44, 106, 129
게바다말	78	매끈이고둥	107	세방이끼벌레류	48	톰손바보산호	11
고둥옷	109	모자반류	43, 88	시루해면류	161	파래류 1	92
곤봉바다딸기	164	문어	27, 152	아가씨줄무늬갯민숭이	187	파래류 2	93
공초록혹	89	바다표고류	141	앞동갈베도라치	101	팔손이불가사리	192
괭생이모자반	166	바위게	31	애기배말	97	팽이고둥	50, 128
구멍밤고둥	36	반투명피복멍게류	120	어렝놀래기	40	포복해면류	145
굵은마디말	190	방사무늬김	52	엉킨실류	95	피복멍게류	122
그물베도라치	147	방석청각	189	연두끈벌레	94	피복해면류	148
긴꼬리벵어돔	112	별망둑	100	연지알통양태	118	해송	165
꼬마군부	49, 123	별불가사리	28, 177	오분자기	81	황놀래기	155
끈벌레류	137	보라굴아재비	53	용치놀래기	39	황록해변해면	183
납작소라	126	보라성게	106	우치다햇님불가사리	174	황색덩이부착해면류	176
넙치	75	보라판멍게	186	유령해파리	91	회색해변해면	140
노랑거북복	167	보름달물해파리	105, 107	유착진총산호	157	흰덩이멍게류	178
노랑점무늬유전갱이	111	볼락	185	이끼벌레류 1	80		
노래미	76	볼록별불가사리	177	이끼벌레류 2	110		

독도의 눈물

The Ecology of Dokdo's Marine life Ⅲ

獨 島 海 洋 生 物 生 態

저 자 : 국립군산대학교 해양생명응용과학부
　　　　독도해양생물생태연구실 hp.kunsan.ac.kr
　　　　겸임교수 김 지 현

펴낸곳 : 도서출판 피알에이드 (02-2264-1996)
발 행 일 : 2016년 8월 23일
등　록 : 1997년10월27일 제2-2451
사　진 : Photographer 김지현
가　격 : 100,000원
ISBN : 979-11-86555-14-9

잘못 만들어진 책은 바꿔드립니다.

...
이 작품집에 실린 원고는 저자의 사진작품입니다.
저자 서면 허가 없이 무단복제 및 어떠한 용도로도 사용할 수 없습니다.
사전 동의 없이 사용할 경우 저작권법에 의해 처벌 됨을 일러둡니다.